（飼育員さんの）

すごい

こたえ

淡路ファームパーク
イングランドの丘

著

JN101033

ワニブックス

はじめに

　2019年の夏休みに「自由研究に役立つようなイベントを」という目的で、生き物に関する質問回答コーナーを設けたのがこの企画のはじまりでした。

　最初は文字がびっしりの回答文を貼りだしていたため、みんな掲示板の前を素通り……。

　「見てもらえなければ意味がない!」ということでイラストを描きくわえてみたら、SNSなどで反響を呼び、今ではありがたいことに立ち止まって読んでくださる方も見かける

ようになりました!

　お子さまの"知りたい"という気持ちに寄り添いつつ、大人の方にも興味を持っていただけるよう、すこ〜しユーモアをまじえて書かせていただいております。そのあたりご了承ください。

　みなさんの生き物に対する興味の幅が今よりちょっとだけ広がってくれると嬉しいです。

もくじ

2

生き物の「素朴な疑問」に飼育員が答えます！

いろいろな「**なぜ?**」に飼育員が答えます！

5

生き物の「スゴ

？

虫の中で、一番飛ぶのが速い虫は？

（虫（むし）の中（なか）で、一番（いちばん）飛（と）ぶのが速（はや）い虫（むし）は？）

どの昆虫が一番速く飛べるのか、まだはっきりとしたことはわかっていないようですが、トンボの仲間あたりはかなり速く飛ぶことができます。
日本にも生息しているギンヤンマなんかだと時速80km 以上で飛ぶことができるのだとか。
夏になると、ときどき園内でギンヤンマやオニヤンマが飛んでいるのを観察することができますよ。

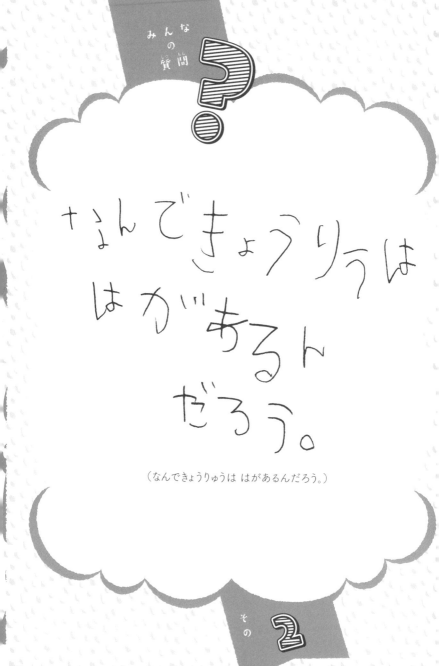

なんで きょうりうは
はが あるん
だろう。

（なんできょうりゅうは はがあるんだろう。）

その 2

飼育員さんの回答

恐竜に歯があるのは、物をかんで食事をしていたからだと考えられます。現在、恐竜は化石から生活ぶりを想像するしかないのですが、歯の形はその恐竜が何を食べていたかを知る重要な手がかりになります。

ティラノサウルスだと、肉を切り裂くのに適したナイフのような歯をしているので、ライオンやトラのように肉食だったと考えられています。トリケラトプスなんかだと草をすりつぶすのに適した平らな奥歯を持っていたので、ウシやウマのように草食だったと考えられています。

歯の形などから推測すると魚を主食にしていた恐竜もいたようです

13

コアラは

どうして きのぼりが

じょうず なんですか？

（コアラはどうしてきのぼりがじょうずなんですか？）

コアラの指には鋭い爪があって、これを木の皮にひっかけて上手に木にのぼることができます。

しかも指には指紋があってすべりどめの役割を果たしています。

指に指紋があるのは、私たちにとってはあたりまえのことですが、実は動物全般ではサルの仲間と一部の動物にしか見られないとてもめずらしい特徴です。

コアラの握力が
とても強いと聞いたことが
あるんですが、
本当に強いんですか？

コアラの握力（あくりょく）が
とても強（つよ）いと聞いたことがあるんですが、
本当（ほんとう）に強（つよ）いんですか？

その4

16

おっしゃる通りコアラの握力はとっても強いです。

また、握力にくわえて爪も鋭いのでめったなことでは木からすべり落ちることはありません。

私がコアラの飼育員になって間もない頃に一度、コアラに思い切り顔をつかまれてしまい、ここに書けないくらい大変な目にあったことがあります。

もしもコアラと接する機会があったらご注意ください。

ぎゅー

※コアラの握力は強いので気をつけましょう

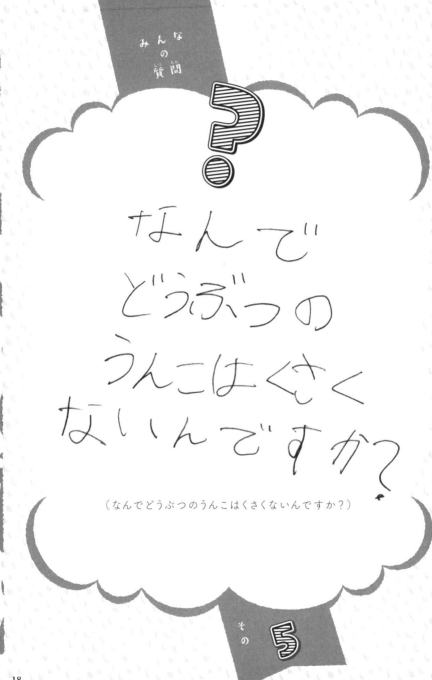

なんで
どうぶつの
うんこはくさく
ないんですか？

（なんでどうぶつのうんこはくさくないんですか？）

その5

ふだん食べているものにもよりますが、動物のうんこもけっこうくさいですよ。感じ方は個人差がありますが、肉食動物や雑食の動物と比べて草食動物のうんこは比較的においがマシだという人が多いです。

ちなみに飼育員は毎日かいでいると、自分が担当する動物のうんこのにおいに対して「いやだな」と思う気持ちが薄れていきます。

なんなら担当動物がかわいいと、うんこまでかわいく思えてきます。

でも、たまに自分の担当ではない動物のうんこのにおいをかぐと、「うわ、くさっ！」となるのでやっぱり慣れなんでしょうね。

自分の担当動物でも「あれ、今日はなんだかにおいが変だな」と思ったら、それは動物が体調を崩しているサインかもしれません。

ほかにも色、形、大きさ、やわらかさがいつもと違わないかといったように、うんこから得られる情報は多いです。

ぷれーりどっくの
つちのなかみは
どうなっていますか?

（ぷれーりーどっぐのつちのなかみはどうなっていますか？）

その6

実はプレーリードッグの巣穴の中は、寝室、食料を貯めておく部屋、育児のための部屋、トイレなど、ちゃんと目的別に部屋がわかれています。

また、巣穴の出入口はわざと土を少し盛り上げたような形になっていて、これにも通気をよくしたり雨水が流れ込まないようにといった理由があります。

さらに、プレーリードッグの巣穴の中は、夏は涼しく冬は暖かくと、年間を通して温度が安定しているそうですよ。

なんなら私の部屋より快適そうです。

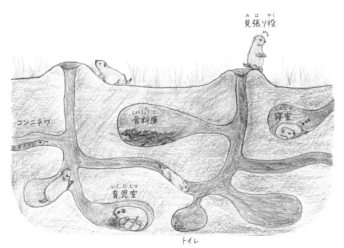

見張り役

コンニチワ

食料庫

寝室

育児室

トイレ

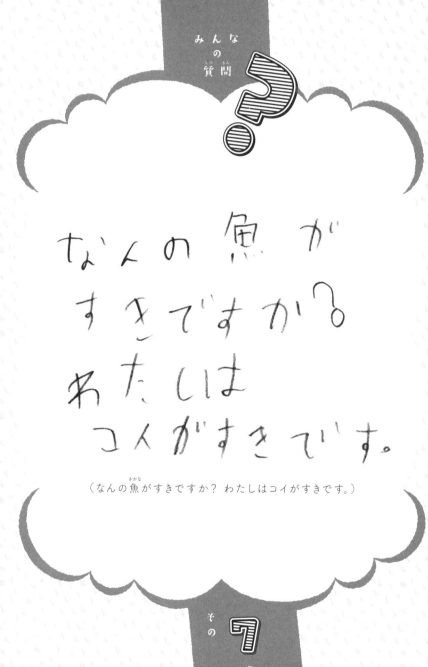

なんの 魚 が
すきですか？
わたしは
コイがすきです。

（なんの魚がすきですか？ わたしはコイがすきです。）
さかな

私はアンコウの仲間が好きです。深海に生息する一部の
アンコウの仲間にはオスとメスの大きさが極端に違う種類
がいて、その生態が実にロマンチックなのです。

そもそも光の届かない暗く冷たい世界の中でパートナーを
見つけるのは至難の業。オスは運よくメスを見つけること
ができると、するどい牙でかみつきます。そしてオスはその
まま口から徐々にメスの皮膚と融合して血管までつながると、
今度は目や内臓なども含め体の組織はほぼ退化して生殖
能力のみ残してほぼメスの一部と化してしまいます。

生きるための栄養も血管を通してメスからもらいますし、産
卵の際の放精のタイミングもメスが握っています。そんな生
き物はほかに聞いたことがないですよね。

好きな相手とつながって溶け合って一つになってしまうなんて、
まさに究極の愛だと思いませんか。

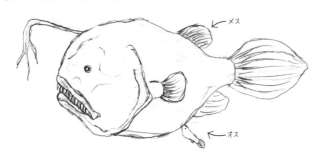

← メス

← オス

？

てのさまばった
どうやったら
つかまえられますか

（とのさまばった どうやったらつかまえられますか）

その8

トノサマバッタはバッタの中でも警戒心が強い上に運動能力が高いため、捕まえるのが難しい方です。

強力な後ろ脚から繰り出されるジャンプに加えて、羽で長距離を羽ばたくこともできるので、一度跳ばれると風向きによっては数十メートル距離をとられてしまうこともあります。

これを一回一回追いかけるのは大変ですし、できれば一発で仕留めたいものです。

コツとしてはバッタが逃避行動をとる初動を見逃さず、ギリギリまで近づき、バッタの少し先に向かって虫取り網を一気に被せます。

今見えているトノサマバッタを捕まえるつもりでは遅いです。

0.3 秒先のトノサマバッタを捕まえるイメージで挑んでください。

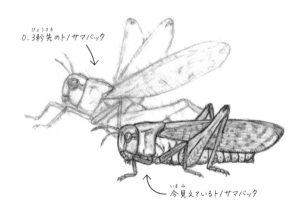

0.3秒先のトノサマバッタ

今見えているトノサマバッタ

みんな
の
質問

また、はっけんされていない
いきものはどのくらい？

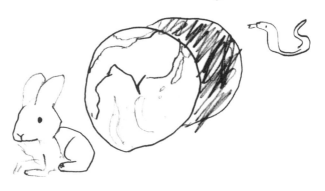

（まだはっけんされていないいきものはどのくらい？）

その
9

26

まだ発見されていない生き物、発見されたけど研究が進んでおらず名前がついていない生き物はけっこういるようです。

魚のハゼの仲間やダニの仲間なんかは未発見、未分類のものがまだまだいると考えられています。

生き物好きとしては新種を発見して名前をつけてみたいものです。

？

ティラのン
サウヌルス は、
なんで、
ひふ が、
茶色 なの？

（ティラノサウルスは、なんで、ひふが、茶色なの？）

実は絶滅した生き物がどんな色をしていたかは、大半のものがわかっていません。なので、図鑑などのほとんどが想像で色をつけられています。

たしかに、本や映画などで見るティラノサウルスは茶色く描かれることが多い気がします。これはライオンなど強い肉食獣のイメージで着色されているからかもしれませんね。もしかしたら、花柄などもっと派手な色や柄をしていたのかもしれないし、全身に羽毛が生えていたという説もあります。想像する人の数だけいろんな姿のティラノサウルスが生まれるのは楽しいですね。

？

蚊はなぜ
繁殖に必要なタンパク質を
摂取するのに
わざわざ血からもらうのか。
蚊の周りにタンパク質って
そんなに無いんですか？
（蚊に恨み有り）

蚊はなぜ繁殖に必要なタンパク質を
摂取するのにわざわざ血からもらうのか。
蚊の周りにタンパク質ってそんなに無いんですか？
（蚊に恨み有り）

その **11**

おっしゃる通り、蚊は卵を産むために必要なたんぱく質を得るためにヒトやほかの動物から血を吸います。

実は血を吸うのは産卵前のメスの蚊だけで、オスやふだんのメスは植物の汁などを吸って生きています。

蚊は体の大きさの割にたくさんの卵を産むので、効率よくたんぱく質を得る必要があり、かつふだんから植物の汁を吸うために口はストローのような形状をしているので、動物の血を吸うようになったのではないでしょうか。

映画『ジュ○シック・パーク』でも琥珀の中に閉じ込められた蚊から恐竜のDNAを取り出すシーンがあるように、蚊は太古からこのスタイルを獲得していたようです。

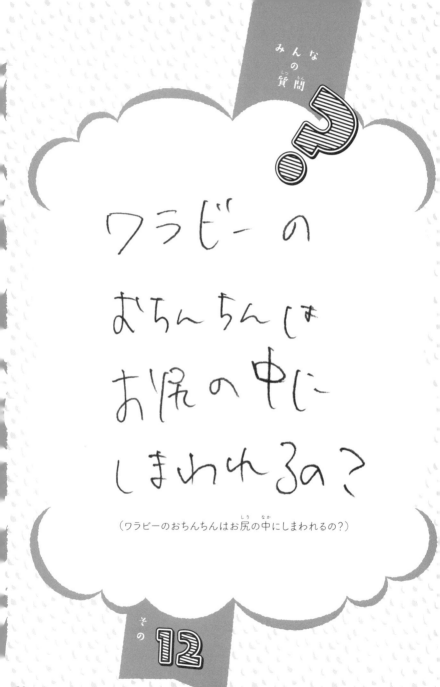

ワラビーの
おちんちんは
お尻の中に
しまわれるの？

（ワラビーのおちんちんはお尻の中にしまわれるの？）

その12

あ、ワラビーのおちんちんがお尻の中にしまわれる貴重なシーンを見たのですね、見ちゃいましたね。

ずばりお答えしますね。ワラビーやコアラなど有袋類と呼ばれる動物の仲間は、哺乳類の中でも原始的な体の特徴を持っていて、フンが出てくるところ、おしっこが出てくるところ、オスならおちんちん、メスなら赤ちゃんが産まれてくるところが一つの出入口の中に収容されています。

これを総排泄腔（総排出腔）といいます。私は総排泄腔の説明をするときにドリンクバーの機械のようなイメージだとお話しするんですが、これ伝わりますかね？

今回ワラビーのお尻からおちんちんが出てきたりしまわれたりしているように見えたのは、きっとそのためでしょうね。

あんまり
見ないでください…

このあたり

?

虫它は、
なんで足が
無いんですか。

（蛇は、なんで足が無いんですか。）

その 13

ヘビにはもともと足がなかったのではなく、大昔のヘビの仲間には前足と後ろ足があったことが化石からわかっています。

現代でもニシキヘビの一部には後ろ足の痕跡が残っているんですよ。

諸説ありますが、もともとはトカゲの仲間だったものが進化の過程で、小動物の巣穴に潜って狩りをしやすいように体を細長く変化させていき、さらには足を省略していったのではないかと考えられています。

あまり知られていませんが、実はヘビには足以外にも進化の過程で失ったものがあります。それは耳の穴とまぶたで、まぶたがない代わりに目はレンズ状になっています。

これも小動物の巣穴に潜って、目や耳に土をかぶっても大丈夫なように進化した結果なのかもしれません。

カエルって

どうして

とぶの？

（カエルってどうしてとぶの？）

カエルが水面を泳ぐ姿をイメージしてみてください。

平泳ぎの足で水を蹴るようにして泳ぎますよね。この動きが地面を蹴って跳ねることと関係があるのではないかと考えているのですが、調べてみると、カエルは跳ねるためにすごくストイックな進化をしていることがわかりましたので、ざっくりまとめてみました。

カエルのここがすごい！

あばら骨がないと横隔膜を動かせない（そもそも横隔膜もない）ので、のどを動かして肺に空気を送りこんでいる。常にのどがひくひくしてるのはそのため。

軽量化するために全身の骨の数がすくなくシンプルに。柔軟性はなくなるけどめっちゃ頑丈！

あばら骨がない。着地するときのダメージを軽減。やわらかいお腹が衝撃を分散！

すねの骨も癒合して1本に（ほかの動物では2本ある）。頑丈なバネとしての性能を上げるよ！

太もも、すね、足の裏の長さがだいたい一緒。きれいな「Z」の形になって強力なバネになるよ！

生き物は
なぜ生まれたのですか。
あと地球外生命体って
いると思いますか。

生き物はなぜ生まれたのですか。
あと地球外生命体っていると思いますか。

その15

飼育員さんの回答

いろんな偶然が重なった結果、地球に生命が誕生して 40億年ほど経つんだそうです。

なぜ生き物が生まれたのか、それは永遠の謎なのかもしれません。私は地球以外の星にも生命体がいることはありえることだと思っています。どんな姿をしているのか考えるのも楽しいですね。

ペリカンの

くちばしは、

何で大きいのか、

（ペリカンのくちばしは、何で大きいのか。）

その16

ペリカンは大きなくちばしとのどの袋を使って、魚を水ごと一気にすくって食べます。このとき、下のくちばしは弓のように柔軟にしなって輪をつくるように横に広がります。

また、のどの袋もゴムのように伸びて、一度に10リットル以上の水をすくうことができるそうです。

一度のどの袋に入った水は、魚だけ器用に濾しとられてくちばしの隙間から排水されます。

また、のどの袋には血管がたくさん通っているので、暑い日は袋を伸ばして風にさらすことで体温を下げるのにも役立っています。

飼育員が教える
動物園の楽しみ方

　私たち飼育員は勉強も兼ねて休みの日に動物園巡りをしがちです。ただ職業柄、動物を見るのと同じくらい設備の造りや植栽などマニアックなところばかりを見ているので「あ、あの人は同業者だな！」とすぐバレてしまいますね……。今回は飼育員が動物園の楽しみ方をご紹介します！

　まずは当園でもよく聞かれる"動物を観察するのにおすすめの時間帯"なのですが、これは朝の早い時間帯、できれば開園直後がいいですね。

　開園に合わせて獣舎から展示場に移動したばかりの動物たちは、展示場内に自分のにおいをつけて回ったり縄張りのパトロールをしたりと活発に動き回ることが期待できます。あとは夕方の閉園前もおすすめ。動物園の動物たちは閉園後に獣舎に帰ってから餌を食べることが多く、その時間が近づくにつれてそわそわと動き出すんです。

　日中に食事をする動物は、食事の時間をお知らせしている動物園も多いので、園内の看板やガイドマップで確認してみましょう。イベント情報や広い園内を効率よく回る

ための順路が載っていたりするので、動物園に到着したら、まずはガイドマップを入手しておくといいでしょう。

　もし、飼育員さんによるガイドイベントやバックヤードツアーなど特別なイベントがあったらぜひ参加してみてください。飼育員さんとの距離も近いし、動物の気になることを質問できる機会があるかもしれません。

　動物園って郊外に造られていることが多くて、敷地が広かったり坂道が多かったりで、全てをじっくり見て回ろうとすると疲れるし時間も足りないですよね。焦って全て制覇しようとすると、かえって動物たちの印象が薄れてしまいもったいないです。なので、無理して全部回ろうとしなくていいと思いますよ。

　事前に動物園のホームページなどを確認しておいて、ある程度お目当ての動物を絞り込んでから訪れるのもいいかもしれません。お目当ての数種類の動物をじっくり堪能できます。「今回見られなかった動物はまた次回」という楽しみもできますしね。

「疑問」に

飼育員が
答えます！

？

しょうまは
なぜしまもょう
なのですか。

（しまうまはなぜしまもようなのですか。）

その 17

動物の持つしま模様は、周囲の草などに
まぎれると保護色の役割を果たしている
というのがこれまでの定説でした。
もちろんその効果もあるのですが、最近
ではそれ以外に群れの仲間を識別する
効果や、体の表面に虫がつきにくくなる
効果があることもわかってきたようです。

サルは、
なぜ、おしりが
赤いの？

（サルは、なぜ、おしりが赤いの？）

その18

サルのお尻が赤いイメージは、私たちにとって身近なニホンザルからきているのでしょうね。

ではなぜニホンザルのお尻が赤いのか。それはお尻の毛がなくて、皮膚の下の血管が透けて見えるためです。

発情するとさらに充血して真っ赤になります。ニホンザルの世界ではオスのお尻や顔が赤ければ赤いほど健康で元気な証拠としてメスのサルたちにモテるようです。モテる基準は生き物によってさまざまでおもしろいですね。

男は尻で語れ！

49

Q. この生き物の名前は何ですか？

（Q.この生き物の名前は何ですか？）

その 19

キリンです。

どうぶつって、むしばに、なりますか

（どうぶつって、むしばに、なりますか）

まず、ヒトが虫歯になりやすいのは、虫歯菌が好む糖分の多い食べ物をよく食べるためです。虫歯菌は糖分を栄養にしながら酸を出して歯の表面を溶かしてしまうのです。

野生動物はそこまで糖分の多い食べ物を食べることはないので、虫歯はほとんどないと思われますが、動物にも糖分の多い食べ物を与えると、もちろん虫歯になる可能性は高くなるので飼育下では注意が必要です。

また、硬いものをかんだり動物同士の
けんかなどで歯が欠けたりして
も、その傷から虫歯になり
やすくなることがあります。
みなさん、歯は大切にし
ましょう。

これ？
虫歯じゃなくてほほ袋に
食べ物が詰まってるんですよ

53

ごりらは なぜ
むねをたたくの？

（ごりらはなぜむねをたたくの？）

その
21

ゴリラが胸をたたく行動は太鼓をたたく様子に似ていることから、ドラミングと呼ばれています。映画などの影響でドラミングは威嚇のときに行われるイメージがありますが、実際にはいろんな意味があり、コミュニケーションの手段として使われるそうです。

あと、ゴリラで誤解されがちなのが、ドラミングは「グー」の手で胸をたたくイメージがありますが、実際は「パー」の手で胸をたたきます。

某スタッフが何も見ずに描いたゴリラ
（本文とは関係ありません）

コアラの はなのサイズは どれくらい？

（コアラのはなのサイズはどれくらい？）

コアラの鼻のサイズと形は、実はオスとメスで違うんですよ。
オスは四角っぽくて大きく、メスはたまご形で小さめです。

ほぼ実物大だよ!

♂の鼻

♀の鼻

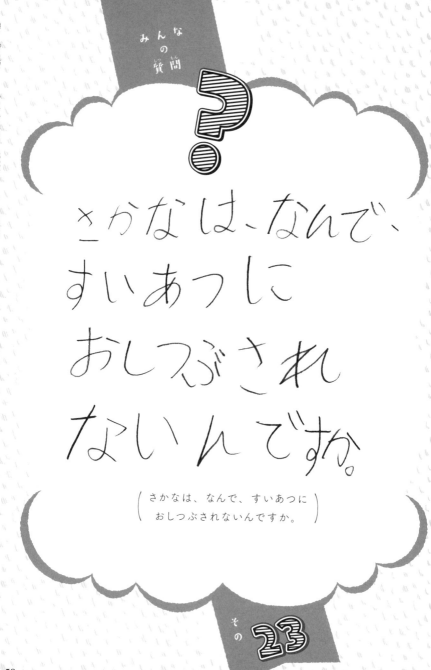

さかなは、なんで、
すいあつに
おしつぶされ
ないんですか。

さかなは、なんで、すいあつに
おしつぶされないんですか。

その23

58

飼育員さんの回答

魚は周りの水からかかる水圧と体内の圧力の
バランスをとることで水中で生きていけます。
また、多くの魚は「浮き袋」という空気で満
たされた器官によって浮いたり沈んだりの調
整をしているのですが、深海にすむ魚には、
浮き袋の中を空気の代わりに油で満たして浮
力を調整している魚や、そもそも浮き袋がな
い魚もいます。
というのも、深海では魚の体にものすごい強
さの水圧がかかるので、一般的な魚の浮き
袋の構造では水圧に耐えられずつぶれてしま
うのです。

59

オンブバッタは なぜおんぶ しているの。

（オンブバッタはなぜおんぶしているの。）

その24

オンブバッタというと、バッタの背中に半分くらいの大きさのバッタがおんぶされている姿をイメージされると思いますが、これは親子でおんぶしているわけではありません。

実はおんぶされるように上に乗っているのが大人のオス、下で乗せている体の大きい方が大人のメスのバッタです。

ほかの種類のバッタでも、交尾の際はオンブバッタと同じようにオスがメスの背中に乗りますが、オンブバッタのオスは交尾が終わってもずっとおんぶされっぱなし。オスはメスの背中で何をしているのでしょうか。実はほかのオスにメスを取られないよう一生懸命背中に張り付いて守っているのです。

けなげと見るか執着がすごいと見るかはあなた次第です。

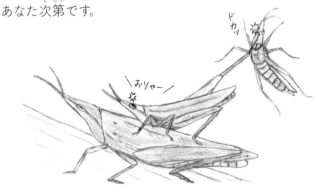

みんなの質問(しつもん)？

どうぶつは、
なぜ、
なみだを、
ながさないの

（どうぶつは、なぜ、なみだを、ながさないの）

その25

涙は目が常に潤った状態を保っていられるように分泌されているのですが、ほこりや細菌などの異物や刺激から目を守るのにも役立っています。

これは多くの動物に共通した特徴ですが、ヒトは感情によっても涙を流しますよね。

これは脳のしくみがほかの動物より発達していることが大きく関係しているようです。

ヒト以外の動物にも感情はありますが、感情によって涙を流さないのは脳にそのしくみが備わっていないからだと思います。

ペンギンは、
鳥なのに
なぜ飛べないの？

（ペンギンは、鳥なのになぜ飛べないの？）

その26

ペンギンは鳥なのになぜ飛べないのか。もしかしたら飛べないのではなく、大昔に飛ぶのをやめたのかもしれませんよ。というのも、鳥が空を飛ぶためには、翼を力強く羽ばたかせるための強大な筋肉と、その筋肉と胸の骨とを支えるための「竜骨突起」という特殊な骨が必要なのですが、実はペンギンにはそのどちらもが備わっているんです。

ペンギンは進化の過程で、もともと空を飛ぶために備わっている体の構造をあえて水中で活かせるよう特化させた鳥と言えます。ほら、ペンギンがヒレのように進化した翼を動かして、まるで水中を飛んでいるかのように泳いでいるのを見たことはありませんか?

これは想像ですが、空を飛んでいたペンギンの祖先は、餌が豊富なうえ天敵も少ない海中という環境で暮らしているうちに、空を飛んで移動するより水の中を泳ぐ能力を高める方が効率的だということで、少しずつ今の姿に進化していったのかもしれませんね。

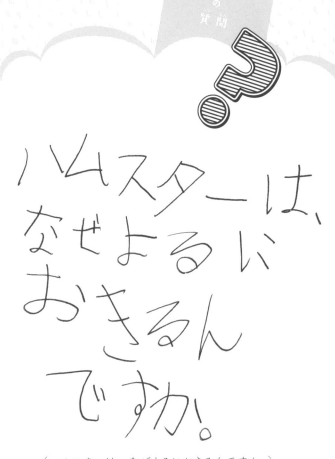

ハムスターは、
なぜよるに
おきるん
ですか。

（ハムスターは、なぜよるにおきるんですか。）

その

ハムスターたちからすると「なんでヒトは昼間に起きてるんだろう」と思っているかもしれませんよ。

というのも、私たちヒトが明るい時間帯に活動する「昼行性」なのに対して、ハムスターは実は暗い時間帯に起きて活動するような「夜行性」の動物になります。

本来は、夜に起きている時間の多くを食べ物を探す時間に費やし、かなりの距離を歩き回るそうですよ。

おうちのケージ内では、なかなかこのような本能を満たすことができないと思いますので、回し車を使って発散させてあげたり、しっかり飼い主さんの目が行き届くようにした上で、部屋の中をお散歩させてあげたりするなど、ストレスをためないよう心がけてあげたいですね。

みんなの質問

?

エミューの目の
よこにある
あなは
何ですか

（エミューの目のよこにあるあなは何ですか）

その

実はエミューの目の横に大きく開いている穴は「耳」なんです。鳥類は私たち哺乳類のように耳の周りに出っ張った「耳介」と呼ばれる部分はなく、耳の穴が開いているだけです。そして多くの鳥類では、その穴さえも羽毛に隠れて外側からはほとんど見えません。なので、鳥の耳ってどこにあるのかな？　とふだんから意識することもあまりないのかもしれません。

エミューやダチョウなど頭部の羽毛が少ない鳥類では、比較的耳が見えやすくなっているので、ぜひ観察してみてください。

どうぶつは、
なんで人げんよりも
早くしんでしまうん
ですか！

（どうぶつは、なんで人（にん）げんよりも
早（はや）くしんでしまうんですか。）

その29

70

ペットを飼っていると、飼い主より先に動物の方が寿命を迎えてしまうことが多いと思います。哺乳類の場合だと、寿命はだいたい体の大きさによって違ってきます。（※例外もある）

たとえば体が小さなネズミだと2〜3年、体が大きなゾウなら70〜80年とずいぶん違いますが、生きている間に心臓が動く回数はだいたい同じと言われています。

動物によって感じている時間の流れ方も違うのかもしれませんね。

めっちゃ長生き！

アフリカにすむハダカデバネズミは
体が小さいのに寿命は30年くらい
生きる個体もいるのだとか

ふしぎですね

でも体の大きさは
13〜17cm程度

71

カモノハシはなぜ
たまごをうむのに
どうぶつに
していされて
いるの

カモノハシはなぜ
たまごをうむのに
どうぶつにしていされているの

その30

飼育員さんの回答

質問にある「どうぶつ」とは「哺乳類」のことですね。

カモノハシは名前の由来にもなっているように、カモのくちばしのような形の口をしているだけでなく、卵を産んで繁殖する、オスは敵に対して毒を注入できる爪がある、といったように哺乳類離れした特徴をたくさん持ち合わせています。

カモノハシが哺乳類として分類される決定的なポイントは、乳腺から母乳を分泌して育児をすることと、自分で体温を維持できること（恒温性）です。

現在カモノハシは分類上は単孔類（単孔目）と呼ばれるもっとも原始的な哺乳類に含まれていて、哺乳類の進化の謎を解き明かす上で重要な存在となっています。

もともと哺乳類の祖先はみんなカモノハシのような繁殖スタイルをとっていたのかもしれませんね。

くちばしも水かきも
あるけど鳥じゃないんだよ

飼育員をしていて

困ったことは

ありますか.

（飼育員をしていて困ったことはありますか。）

その31

餌の野菜を細かくみじん切りにしたりするので、家で料理するときにも、ついいつものくせで細かく切りすぎてしまうことがあります。

あ、またやっちゃった…

生き物は、なんで
色、形、大きさ が
ちがうのか。
生き物の鳴き声は
なんでちがうのか。

（生き物は、なんで色、形、大きさがちがうのか。
生き物の鳴き声はなんでちがうのか。）

その32

生き物は"同じ種類の仲間どうし"でコミュニケーションをとるために、さまざまな手段を身につけました。鳴き声もそのうちの一つですし、鳴き声と同じように色、形、大きさといった外見でも「性別」「感情」「発情」などの情報を仲間どうしで伝え合うことができます。

たとえば、モモイロペリカンはふだん全身が白いのですが、繁殖期の大人のオスは種名のとおり桃色に変化します。体全体を使って「ぼくは繁殖の準備ができているオスだよ」と伝えているのです。

ほかにも生き物の世界ではおしっこやフン、体から出るにおいも情報を伝える手段としてよく使われています。

オシドリのオスとメスは繁殖期になると全然違う色になるよ

動物の寿命について

　先日、当園で飼育しているコアラの"みどり（♀）"が24歳の誕生日を迎え、なんとこれまでコアラの長寿世界記録と言われてきた23歳の記録を更新することができました。

　動物園などで飼育されているコアラの平均寿命が16歳ほど（野生ではもっと短い）と言われているので、みどりがどれだけ長生きしているかがわかるかと思います。

　今回、たくさんテレビや新聞の取材を受けさせていただいたんですが、その中で一番多く受けたのが「コアラの24歳は人間で例えると何歳くらいですか？」という質問でした。ここだけの話、「〇〇（動物名）の〇〇歳は人間で例えると何歳くらいですか？」という質問は飼育員にとって厄介で困ってしまう質問の一つなんです。

　というのも、人間と動物では生まれてから大人になるまでと、大人になってから寿命を迎えるまでの早さも違いますし、動物によっては同じ種でもオスとメスで大人になる年齢が違うものもめずらしくありません。

　あ、そうそう。比較するにしても人間側の寿命も昔に比べてずいぶんと延びているそうですよ。なんでもこの100

年ほどの間で、平均寿命は2倍くらいに延びているんだそうです。理由としては、医療の進歩や生活習慣の変化によるものが大きいようですね。

　実はこのところ、動物園の動物たちも人間と同じで、生活の変化により多くの種で平均寿命が少しずつ延びていると言えます。

　獣医さんたちによる日々の研究のおかげでより多くの病気やケガが治せるようになってきていますし、動物たちの餌に含まれる栄養価の研究も進んでいて、動物園同士で餌の与え方の工夫など情報交換もしています。また、近年では動物たちの福祉（生きていく上での幸せ）を意識した展示方法や取り組みにも積極的に力を入れて、動物たちに日々快適に過ごしてもらえるようにいろいろ工夫しています。「寿命を延ばしている」のではなく、「幸せに長生きしてもらえる」ことが私たち飼育員の使命であり課題だと思って毎日がんばっています。

3 生き物の

「ちょっと

怖い…」に
飼育員が
答えます！

いつか
キングコブラを
飼育してほしい

（いつかキングコブラを飼育してほしい）

その33

「コブラ」と「コアラ」は一文字違いですが
えらい違いです。
私はやっぱり「コアラ」がいいです。

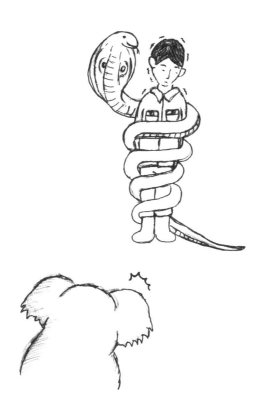

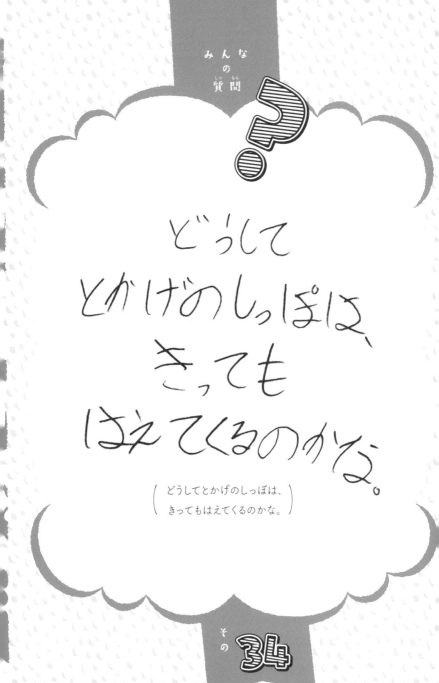

どうして
とかげのしっぽは、
きっても
はえてくるのかな。

（どうしてとかげのしっぽは、
きってもはえてくるのかな。）

その 34

トカゲの仲間の多くは天敵にしっぽを押さえられると、反射的にしっぽを切り離してしまうのですが、これを「自切」といいます。

自切されたしっぽ側はしばらくの間激しく動き回るので、天敵がしっぽに気をとられている間に逃げるチャンスをつくることができるのです。

一度切れたしっぽは時間が経つとまた生えてきますが、中の骨は前のようなしっかりしたものではなく、軟骨というやわらかい骨でできていて、これには節がないので2度目は同じ箇所で自切できません。なので、生え変わるといっても完全に元通りというわけではないんですね。

一度失ったものを元通りに戻すことがむずかしいのはトカゲも人も同じなのかも……。

あ、独り言です。お気になさらず。

なんでコアラは
あんなにカワイイのに
おこったら こわいの？？

（ なんでコアラはあんなにカワイイのに
おこったらこわいの?? ）

その35

もしあなたがコアラだったとして、運悪くライバルや天敵に出会ってしまったときにはどうするでしょうか。

けんかして痛い思いはしたくないですよね。できるだけ争わずにその場から離れたいと考えますよね。

そんなときは「それ以上近づくなー！　自分はこわいぞ！おこっているぞ！」とせいいっぱい威嚇をして相手に「なんだこいつやべーな」と思わせて離れていってもらうのがベストです。

ほかにも、飼育されているコアラでは、たとえば爪切りなどいやなことをされたとき、少しだけ怒ることがあります。

これも「それ、いやだからもうやめろ」と抗議しているんですね。威嚇はこわくないと意味がないので、もしあなたが怒ったコアラを見てこわいと思ったのなら成功ですね。

カマキリのメスはなんでオスを食べるんですか。

（カマキリのメスはなんでオスを食べるんですか。）

その36

カマキリのオスが交尾中や交尾後にメスに食べられてしまう理由は諸説ありますが、食べられてしまうオスもただ食べられ損なわけではなく、産卵に必要な栄養源になっているようです。

もし交尾後、無事にオスが生き残ることができれば別のメスと交尾を行い、多くの子孫を残せる確率が上がるかもしれませんし、仮にメスに食べられてしまったとしても、卵のための栄養となり、これもまた多くの子孫を残せる確率が上がるというわけです。

オオカマキリ♀ Lv：86

オオカマキリ♂ Lv：34

ん！やせいのオオカマキリ♀が
とびだしてきた！？

たたかう　たべる
▷こうび　にげる

こうもりは
血を
吸わないの
ですか？

（こうもりは血を吸わないのですか？）

その37

吸血鬼のイメージがあるコウモリですが、実際にはほとんどの種類は血を餌にしていません。たくさんの種類がいる中で、チスイコウモリという一部のコウモリの仲間だけがほかの動物の血を主食にしています。

おそらくは西洋の吸血鬼・ドラキュラがコウモリに姿を変えることから「コウモリ＝吸血」のイメージが強く定着したのではないでしょうか。では、多くのコウモリは何を食べているのでしょう。小型のコウモリの仲間は主に昆虫を食べるものが多く、大型のコウモリの仲間は果物や花の蜜を主食にするものが多いです。

ほかにもカエルを主食にするカエルクイコウモリや、魚を主食にするウオクイコウモリなんていうちょっと変わった仲間もいるんですよ。

みんなの質問？

キリンの舌の色は
黒っぽいけど
他の動物で
変わった舌の色の
動物はいるんですか。

キリンの舌の色は黒っぽいけど
他の動物で変わった舌の色の
動物はいるんですか。

その38

当園の植物館（大温室）で飼育展示しているアオジタトカゲは名前のとおり青い舌をしています。
天敵に襲われた際にはこの青い舌を見せつけて威嚇します。自然界に青い色素を持つ生き物はあまりいないので脅かすのに有効なのかもしれませんね。

ハムスターは、かんだりされたらいたいのですか

（ハムスターは、かんだりされたらいたいのですか）

その39

とても痛いです。

ペットとはいえど動物の口の中は雑菌だらけです。もし、かまれてキズができてしまった場合は、たとえ小さなかみキズであっても、ほったらかしにすると膿んでしまうことがあります。

動物にかまれてしまったら流水で傷口をしっかりと洗うのはもちろん、傷の深さや痛みがひどい場合などは、必ずお医者さんに診てもらってください。

あまり知られていませんが、動物にかまれてその唾液が体内に入ることが原因で、急激なアレルギー反応（アナフィラキシーショック）を起こすことがあります。

「呼吸がしづらい」「手足がひきつけを起こす」「意識がもうろうとする」といった症状が出たら、すぐに病院へ行ってください。

ハムスターに限らず、動物が人をかむのにはたとえば、びっくりしてかんでしまった、あそびのつもりでかんでしまった、食べ物と間違えてかんでしまった、など何か原因があるはずです。

おちついたらなぜかまれてしまったのか原因も考えてみましょう。

？

家でツノガエルを
飼育しています。
数ヶ月フンをしないのですが、
問題ないでしょうか。

家でツノガエルを飼育しています。
数ヶ月フンをしないのですが、
問題ないでしょうか。

その
40

私も学生時代にベルツノガエルを飼育していましたので、経験から察するに、飼育されているカエルさんは「食滞」を起こしている可能性が高いです。

食滞とは消化器官の機能が低下している症状を指します。カエルの仲間はストレスを感じたり、飼育環境が適していなかったり、餌の食べ過ぎや消化しにくいものを食べたなどさまざまな原因から食滞を起こしやすい生き物です。

特にツノガエルは、大きな餌を丸呑みできるため食滞を起こしやすく注意が必要です。

食滞を起こすと最悪の場合、消化器官内で餌が腐敗して中毒症状を起こすため、長期間フンが出ていない、お腹にガスが溜まっているような感触がある、といった症状があるのならば、カエルを診てくれるようなエキゾチックアニマルに詳しい動物病院に相談することをおすすめします。

大きな餌も
丸呑みしちゃう!

97

なぜ サメの歯は、
2〜3日おきに、
生え変わるのたろう？

教えてください！

なぜサメの歯は、2〜3日おきに、
生え変わるのだろう？
教えてください！

みんなの質問

その

哺乳類の歯は、あごの骨の穴（歯槽）に
はまっていてしっかり支えられていますが、
サメの歯はあごの骨の上に乗っているだ
けで歯ぐきによって支えられています。常
に新しい歯が奥の方にスタンバイされて
いて、古くなった歯は奥から生えてくる
歯によって押し出されて生え変わります。
サメはほかの海洋生物を襲って食べるわ
けですが、ハンティングのたびに歯が欠
けたり擦り減ったりします。常に鋭い歯が
そろっている方がハンティングの成功率
が格段に上がるわけですね。

ダチョウとエミュー

つつかれたことあるんですか

つつかれて最も痛いのは

どの鳥ですか?

ダチョウとエミューにつつかれたことあるんですが
つつかれて最も痛いのはどの鳥ですか?

その
42

質問者さまはどこでダチョウとエミューにつつかれたのでしょう。なかなかめずらしい経験をされていますね。私もダチョウはないですが、エミューにはつつかれたことがあります。エミューのくちばしにはさほど鋭さはないので、実は見た目の迫力ほどの痛みはないんですよね。

これまで経験した中でもっとも痛かったのはオウムの仲間ですね。オウムやインコは硬い木の実や種子の殻を割って食べるために、くちばしがペンチのようになっています。またくちばしの性能をフルに発揮できるよう強力な顎の筋肉を持っています。本気でかまれた日には、大人でも泣きます。

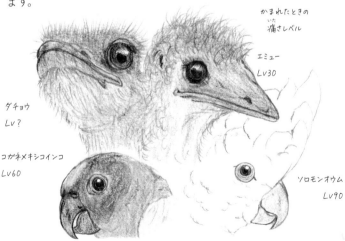

かまれたときの
痛さレベル

エミュー
Lv30

ダチョウ
Lv？

コガネメキシコインコ
Lv60

ソロモンオウム
Lv90

なぜ、

嫁は怒るのですか。

（なぜ、嫁は怒るのですか。）

そういうことを言っちゃうところが、奥様の癇に障ってしまうのだと思われます。

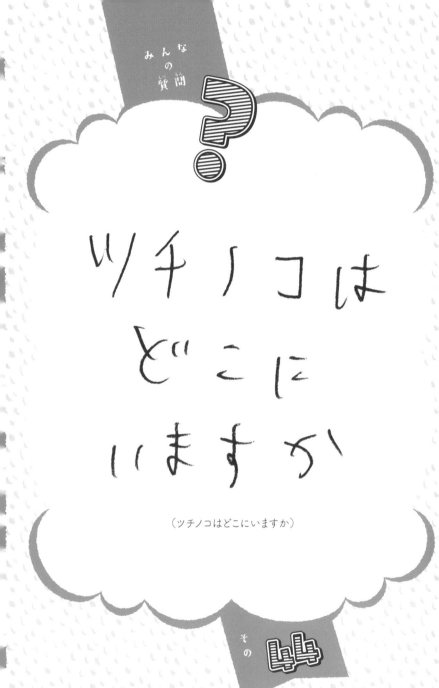

ツチノコは
どこに
いますか

（ツチノコはどこにいますか）

どこにいるのでしょうか。実は私も常々ツチノコには出会ってみたいと思ってるんですよ。

「出産前のマムシを見間違えたんじゃないか」とか「大きな獲物を呑み込んだヤマカガシなんじゃないか」などの説がいろいろありますが、私はツチノコはいると思っています。ちなみに当園の植物館（大温室）にはツチノコのイメージにそっくりなアオジタトカゲというトカゲを展示していますので、ぜひご覧ください。

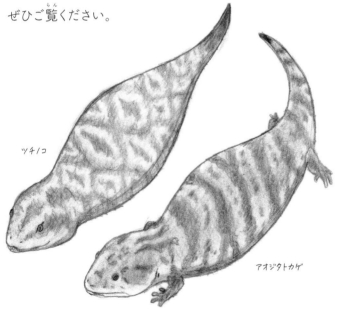

ツチノコ

アオジタトカゲ

飼育員のないしょ話

　飼育員のお仕事と聞いてみなさんが連想されるのは、"動物たちが生活する環境のお掃除"や"餌やり"ではないでしょうか。確かにこの2つは基本となる大事なお仕事ですが、ほかにも見えないところではいろんなことをしているんですよ。

　イングランドの丘では、動物の展示施設付近に貼りだしている解説板や注意書きなどは、基本的に各現場の飼育員が手作りしています。

　動物に関するイベントも、飼育員が案を考えるところから始まって、実行に移すまでの準備、開催中の対応にいたるまで、飼育業務の合間や業務後に行っています。動物たちの魅力をより引き出し、来園者のみなさんにお伝えするために飼育員たちはみんな必死です。

　ほかにも、飼育施設に壊れかけている箇所があれば、飼育員の手でできる範囲なら修理も行います。飼育施設の破損は動物の脱走やケガにもつながる危険性があるので、迅速に行う必要があります。ですので、みんな大工仕事は得意です。

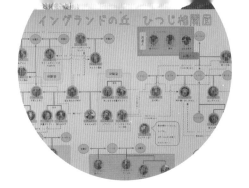

　休園日はのんびりお仕事できるんじゃないの？　と思われるかもしれませんが、実は休園日こそ大変なんです。施設の大がかりな工事や整備、獣医さんによる手術の補助などを行うことが多く、むしろ普段より忙しいくらいです。

　これらのお仕事に加えて、最近では動物たちの日常をお伝えするのに園の公式SNSを利用する機会も多いのですが、そこに載せる写真なんかも隙あらば撮っています。こんなとき、すぐに取り出せるスマートフォンが便利です。動物が見せてくれるシャッターチャンスってほんと一瞬なので、カメラを取りに行っている余裕はありません。動物たちは決してこちらの思っている通りに動いてくれないけど、そこがまた魅力でもあるんですよね。

　日々の飼育業務も動物が相手だと何年経ってもなかなか予定通りにはいかないもので、一日の仕事がスムーズに終わったときには達成感はあるものの、何か見落としているんじゃないかと変に不安になっちゃったりもします。

「いン」に
飼育員が
答えます!

うさぎは、どんな
鳴き声ですか?

うさぎの絵

（うさぎは、どんな鳴き声ですか？）

ウサギは声を出す器官がないのでほとんど鳴くことはありませんが、怒ったときなどには鼻を「ぶーぶー」と鳴らして感情を伝えます。

ほかにも後ろ足を「ダン！　ダン!」と踏み鳴らして音で威嚇したりもします。

いのししの子は
なぜ うりぼうと
いうのか？

（いのししの子はなぜうりぼうというのか？）

飼育員さんの回答

イノシシの仔がうり坊と呼ばれるのは、こどものときにしか見られない体のしま模様や体型が瓜を連想させるからです。この模様は草むらの中では保護色の役割を果たします。

生物学的には頭を上、尾を下に見たときに、背骨に対して並行しているしま模様は縦じま、背骨に対して直角に交わるように入るしま模様は横じまとなりますので、うり坊のしま模様は縦じま、シマウマやトラの模様は横じまということになります。慣れないと頭が混乱しますよね。

うり坊

うり瓜

こうやってみると
うりふたつ！

113

羊をかうには
何か必要ですか？

（羊をかうには何か必要ですか？）

ヒツジを飼育するには、まずは広めの敷地が必要です。ヒツジは起きている間のほとんどは、歩き回って草を食べる生活を送っています。というのもヒツジにとっては消化器官を動かし続けているほうが健康的なんです。なので、草もたくさん用意しましょう。草といってもどんな草でもよいのではなく、イネ科の植物がいいです。当園ではチモシーグラスやイタリアンライグラスと呼ばれる草を主に、生もしくは干し草の状態で与えています。

もちろん飲み水も不可欠です。常に新鮮な水が飲めるようにしておきましょう。

ヒツジにトイレを教えることは困難なので、夜間ヒツジのおうちになる羊舎には床材としておが粉を敷いています。おしっこはおが粉に吸収されるので汚れたら取り除きます。

年一回は健康管理のために毛刈りを行う必要がありますので、専用のバリカンがあると便利です。

あと、去勢していないオスヒツジの本気タックルは、原付バイクに衝突されるくらいの衝撃があるので、それに耐えうるタフネスさがあれば完璧です。

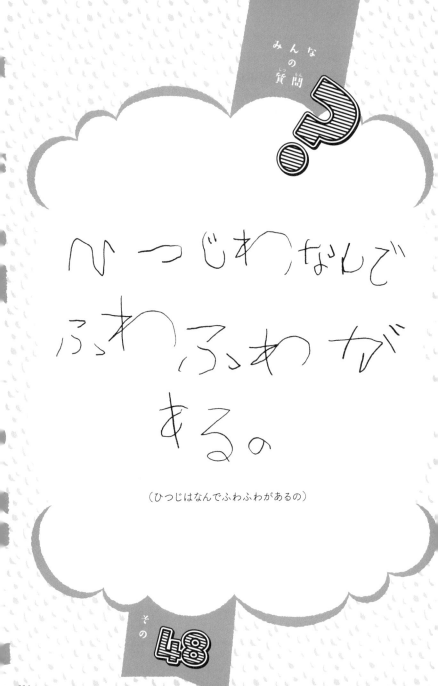

ひつじわなんで
ふわふわが
ある。

（ひつじはなんでふわふわがあるの）

ヒツジはなんであんなにふわふわしているんでしょう。その秘密は、ヒツジの毛一本一本の持つ独特なちぢれが空気を包み込んでいるためです。この特徴が保温性を高めてくれています。

また、ヒツジの毛の表面は特殊な構造をしていて、周りの湿気を吸収したり放出したりすることで快適なふわふわを維持しています。

ヒツジは家畜化する過程で毛が伸び続けるように改良されているので、当園では夏前には熱中症予防のため専用のバリカンでカットしています。

しっとりふわふわで
気持ちいいよ!

1ヶ月1cm伸びる

毛を刈ると
一回り小さくなるよ!

みんなの質問？

しりとり
→りんご
　→ごりら
　　→らっこ
　　　→

（しりとり→りんご→ごりら→らっこ→）

その49

しりとりは得意ですよ。「こ」ですね。
飼育員らしく生き物の名前でつなげますね。

それじゃいきますよ〜。

「コシベニペリカン」！

コアラの
たんじょう日は、
どうやってきめるの？

（コアラのたんじょう日はどうやってきめるの？）

その 50

コアラは交尾してから33〜35日で赤ちゃんが産まれますが、産まれてすぐお母さんのお腹の袋に入ってしまうので、よほどタイミングが合わないと、いつ産まれたかわかりません。なので、多くの場合、お母さんの行動や交尾から日数を計算して、推定で誕生日を決めることになります。

コアラの赤ちゃん
実物大

体長はわずか

2cmくらいで
毛も生えてないよ!

みんなの質問

なんでこわらの
あかちゃんて
こんなちっちゃいん
だろ？

（なんでこあらのあかちゃんてこんなちっちゃいんだろ？）

その 51

122

産まれたばかりのコアラの赤ちゃんの大きさは体長約2cm、重さも1gほどしかありません。ちょうど1円玉くらいのサイズ感ですね。

これには理由があります。コアラやカンガルーなどの有袋類と呼ばれる仲間には、お母さんと赤ちゃんとをへその緒でつないで、栄養を送りこむ胎盤という器官がありません。そのため、赤ちゃんはお母さんのお腹の中に1ヶ月ほどしかいることができず、とても未熟な状態で産まれてくることになります。

また産まれてきてからが大変で、赤ちゃんは自力でお母さんのお腹にある袋（育児嚢）までたどり着き、袋の中にあるおっぱいを探し出して吸いつかなければなりません。そこからは約半年かけてゆっくり袋の中で育ち、袋からはじめて顔を出す頃には全身毛がうっすら生えはじめる状態にまで育っているので、コアラの赤ちゃんにとってお母さんのお腹の袋は第二の子宮とも言われています。

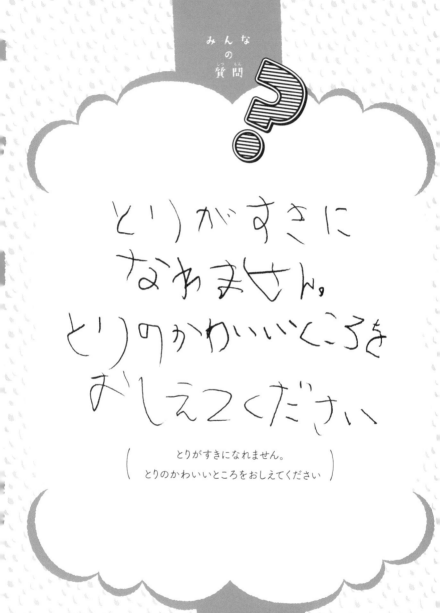

とりがすきに
なれません、
とりのかわいいところを
おしえてください

（とりがすきになれません。
とりのかわいいところをおしえてください）

その

私がこれまで「鳥が苦手」という方のお話を聞いた中では「目がこわい」「首の動きが不気味」といった声が多い気がします。

鳥の目は飛ぶときに視界を安定させるために頭に固定されていて、歩くときに首が動くのもこれに由来しています。

見方を変えてみれば、まんまるな目も首の動きもコミカルでかわいく見えるかもしれませんよ。

もし、見た目で好きになれないのであれば、性格から入ってみるのはいかがでしょうか。

オウムやインコあたりはとても賢くて、懐くと一緒にあそぶこともできます。また、当園にいるギンガオサイチョウのペアはとても仲よしなんですが、いつも一緒にいて口移しで餌をプレゼントしたりと見ていて飽きませんよ。

ありがと♡

はい、どうぞ♡

みんなの質問

文鳥を3年飼育しているのですが、
なついてくれているのか分かりません。
なついてくれてるんですかね?
肩にはとまってくれます。

その53

126

文鳥にも一羽一羽性格がありますし、育ってきた過程でほかの鳥と一緒に過ごしてきたのか、人と一緒に過ごしてきたのかなどでも、文鳥側から求めてくるスキンシップの度合いが変わってくると思います。

肩にとまってくれるのは、きっとあなたのことを信頼している証拠なので懐いてくれているのだと思いますよ。

お兄ちゃんに
なったら
コアラに
エサを あげたい！

（お兄ちゃんになったらコアラにエサをあげたい！）

その54

ありがとう。お兄ちゃんになったら
コアラの飼育員になってくれるんですね。
君がお兄ちゃんになって、
履歴書を持って会いに来てくれるまで
待っていますね。
一緒にコアラに餌をあげられる日を
楽しみにしています。

みんなの質問

ひつじ1匹1匹に
可愛い名前が
ついていました。
誰がどうやって
決めているのですか？

(ひつじ1匹1匹に可愛い名前がついていました。)
誰がどうやって決めているのですか？

その55

おおまかには、体の特徴（模様や毛質など）や親の名前から文字をとったり、誕生日や出生地にちなんだ名前、担当者のそのときにハマっているものや、公募によって決まります。

インパクトのある名前が多いのは「かわいい担当動物のことをみなさんに覚えてもらいたい！」という想いが強いためです。

生まれたての
フラミンゴが
白いのは
なぜ？

（生まれたてのフラミンゴが白いのはなぜ？）

その**56**

フラミンゴのひなは種類によって白色だったり灰色だったりするのですが、なぜ大人のように鮮やかな色をしていないのでしょうか。

その秘密は大人のフラミンゴが食べている餌にあります。フラミンゴは主に甲殻類や藻類などのプランクトンを食べているのですが、そのプランクトンに含まれるカロテンという色素が羽の色を赤やピンク色にしているのです。

当園にフラミンゴはいませんが、ショウジョウトキという羽が赤い色をしたトキの仲間が飼育されています。このショウジョウトキも同じ原理で赤い色をしているため、カロテンを多く含んでいない餌を与え続けると色が抜けてしまいます。

飼育員に向いているのって どんな人?

　飼育員になるための試験などについては別のページ(146ページ)でお話ししているので、ここではどんな人が動物園の飼育員に求められるかをお話ししたいと思います。

　とはいえ、公立の動物園などによっては大学で学ぶような学術的な知識や技術が強く求められることもありますし、レクリエーションに力を入れている動物園ではイベントやショーを行うためのスキルが求められることもあり、それぞれの動物園の運営スタイルや特色によってさまざまです。

　ただ、どの現場でも共通して求められることは、"人とコミュニケーションがとれること"。これが大事です。「動物と接する仕事だから、動物のことを一番わかっていればいいんじゃないの?」って思いますよね。それは大間違いで、実は人付き合いが苦手な方や協調性がない方には務まらない仕事なんです。

　私たち飼育員は担当動物がわかれていてもチームとして動いていて、「報告・連絡・相談」を怠ると動物たちの大切な命に関わることもあります。

　担当動物によっては複数名で現場を回すこともあります

し、一人で現場を回す担当についていたとしても、自分がお休みの日の前には代わりのスタッフに、最近の動物たちの調子や仕事の変更点などを細かく引き継がなければなりません。また、動物たちに何か異変が見られるときには、すぐに獣医さんや上司に報告する必要があります。

　お仕事中はスタッフ同士だけでなく、来園者の方とのコミュニケーションをとる機会もたくさんあります。来園者の方が何を知りたがっているだろうか、困っていることはないだろうかなど、周りにも目を向ける余裕がほしいですね。

　当園で飼育員の欠員が出て採用試験を行う際には私も面接官をしているのですが、専門的な知識や技術はもちろんのこと、"動物と同じくらいかそれ以上に人が好きで、想像力が豊かで、好奇心が旺盛"な人を重視して選考しています。

　私は、さりげなく人にやさしく気遣いのできる方は本当の意味で動物にもやさしくできる方だと思っています。

いろいろな「**な**
5

ぜ？」に

飼育員が
答えます！

みんなの質問？

まの まろ か り す
モササウルス
にんじゃ
もんきいよ

（ あのまろかりす　モササウルス ）
（ にんじゃ　きんぎょ ）

その
57

138

？

なりたい
うるとらまん
ええす

（なりたい　うる〇らまんえーす）

ウル〇ラマンエースになりたいのか、
渋いなぁ。
全力で応援しますね！
私はウル〇ラセブンに登場する
キン〇ジョーが好きです。
意外と"特撮もの"がきっかけで
生き物が好きになり、そのまま大人になって
仕事にしちゃう人って多いんですよね。
飼育員でも、けっこう特撮ものが好きな人は
多いです。

みんなの質問

ぺりかんに
なりたいから
どうすれば
いいですか。

（ぺりかんになりたいからどうすればいいですか。）

その59

「なれる」「なれない」はとりあえず置いといて、
「なりたい！」と思う気持ちが大事です。
当園の中にも
「朝起きたら橋本〇奈ちゃんになってたらいいな」と
想いながら毎晩眠りについているという
スタッフがいますが、今のところは

橋本〇奈ちゃんが出勤してきた朝はありません。

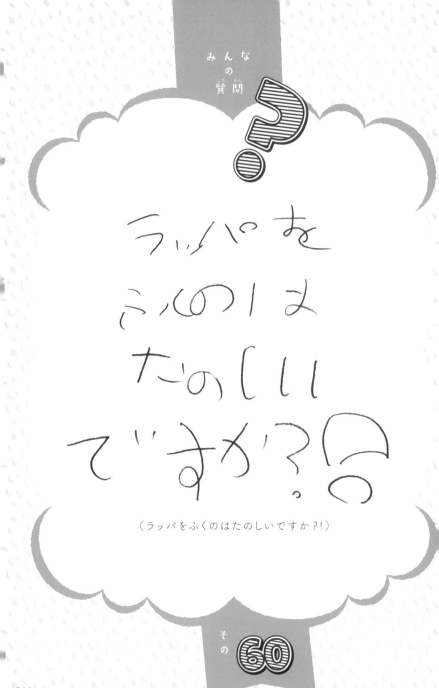

ラッパを
ふのlは
たのしい
ですか？

（ラッパをふくのはたのしいですか?!）

その 60

ラッパ、ですね……。

むかしトランペットを借りて練習したことがありましたが、

肺活量が足りなくてすぐに諦めてしまいました。

同じくギターも練習したことがありましたが、

指が短くて諦めてしまいました。

でも最近またギターをはじめてみると、

指の長さや手の小ささは持ち方などで

カバーできることがわかり、楽しく練習できています。

自分の弱点は工夫次第で楽しみに変えることが

できるのだと大人になってから気づきました。

今ならあのときの

トランペットとも向き合えそうです。

みんなの質問

私も飼育員さんになりたいのですが
どうすればいいですか？
今までの経験の中で飼育員をしていて
一番 NO 1 🏅 うれしかったことは
何ですか？

教えてください!!

私も飼育員さんになりたいのですがどうすればいいですか？
今までの経験の中で飼育員をしていて
一番（No.1）うれしかったことは何ですか？
教えてください！

その

61

公立の動物園・水族館と私立の動物園・水族館では飼育員の採用方法が変わってきます。

公立の場合、公務員採用試験に合格しなければなりません。その後、動物園や水族館に配属されるという流れになります。

私立の場合は、各園館ごとに設けられた採用試験に合格しなければなりません。

どちらにせよ、生き物に関する専門的な知識や技術はもちろん必要になりますし、一般的な常識も備わっていないと合格はできません。

どれだけ生き物に対する愛情が強くても、それだけではなれないということです。

また、飼育員をしていて一番嬉しかったことは？　という質問に対してですが、この仕事をしていると、一番を決めることができないくらい嬉しいことがたくさんあります。

「飼育員になりたい」と言っていただける声を聞けることもその中の一つです。

バンドの沼から
ぬけだせません、
どうすれば
よいでしょうか？

（バンドの沼からぬけだせません。
どうすればよいでしょうか？）

抜け出す必要はないですよ。

今日もあなたの「推し」が元気なことが
今日のあなたの活力です。

ネコと パパは
どっちが えらいの？

（ネコとパパはどっちがえらいの？）

その疑問が出ている時点で
もう薄々答えは出ているんじゃないかな……。
それを私に言わせるなんてあまりにも酷です。

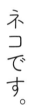

ネコです。

彼女と手をつなぐ時
手汗がひどくて困っています。
僕と同じ悩みをもつ
動物はいますか?
また、解決策があれば
教えてほしいです。

彼女と手をつなぐ時、手汗がひどくて困っています。
僕と同じ悩みをもつ動物はいますか?
また、解決策があれば教えてほしいです。

その64

汗って実はヒトを含むごく少数の種類の動物のみが獲得した体温調節機能なんですよ。

私たちは暑いときや運動時の体温上昇に合わせて、汗をかくことで無意識に体温を下げています。

ウマやカバなどは汗をかくことが知られていますが、多くの動物においては、汗を分泌する汗腺はあっても未発達で、大量に汗をかいて体温を下げることはできません。

また、手汗についてですが、これは私たちの祖先が木の上で生活をしていた頃の名残で、緊張から木の枝を握り損ねてすべり落ちないためのすべり止め効果が起源であると考えられています。

真剣にお悩みのところ申し訳ありません。残念ながら解決策が私にはわかりませんでした。

もしかすると、現在彼女さんと手をつなぐときにまだまだ緊張してしまうくらい初々しい状態なのでしょうか。

私はこのところずっと手をつなぐような経験が不足しているので、手も心もカッサカサです。

手汗は人類の進化と青春の証、どうかこの尊い期間を謳歌してください。

ざりがに ひよこ きんぎょ

（ざりがに　ひよこ　きんぎょ）

その65

ザリガニヒヨコキンギョ

淡路ファームパーク
イングランドの丘のご案内

◉ 営業時間
　平日　　　9:30〜17:00
　土日祝　4〜9月　9:30〜17:30
　　　　　10〜3月　9:30〜17:00
　※最終入場は閉園30分前となります。
　※GW・クリスマスなどは時間変動もございます。
　※休園日は月により異なります。ホームページの営業日カレンダーをご参照ください。
　※ご来園日にお休みの店舗がある場合がございます。予めご確認ください。
　※都合により営業時間が異なる場合がありますので、詳しくはお問い合わせください。

◉ 入園料
　大人（高校生以上）　1000円
　小人（4歳〜中学生）　200円
　3歳以下　　　　　　無料

◉ アクセス
　車　　　洲本インターより福良方面へ約7km・13分
　　　　　＜徳島方面よりお越しの場合＞
　　　　　西淡三原インターより洲本方面へ約7km・13分

　公共交通機関
　　　　　「洲本高速バスセンター」から
　　　　　福良行き路線バス30分「イングランドの丘」下車すぐ

◉ 所在地
　〒656-0443 兵庫県南あわじ市八木養宜上1401番地
　TEL0799-43-2626　FAX0799-43-2622

こんな動物たちがいるよ！

ひつじのくに
広大な放牧場でひつじがかけまわっているよ。

バードケージ（とんでとんでの森）
リスザルに、カンムリヅル、ギンがオサイチョウなどたくさんの仲間たちが暮らしているよ。

いろトリドリ舎
オウムやインコなど、めずらしい鳥たちに会える！

ワラビー広場
小柄でかわいいワラビーやペリカン、エミューとも会えるよ！

うさぎのくに（屋外）
うさぎのほかにも、カピバラやプレーリードッグにも出会えるよ。

ラビットワーレン（屋内）
国内ではめずらしい品種のうさぎと出会えるきちょうな場所！

コアラ館
人気のコアラたちが住むコアラ館。国内ではめずらしい大型の南方系コアラを観察することができるよ。

そのほか、手作り体験、収穫体験、遊びの広場、淡路島グルメを堪能できるレストランなど楽しいところがいっぱい！みんな、遊びにきてね！

157

さくいん

ブックデザイン　辻中浩一
　　　　　　　　＋吉田帆波　村松亨修（ウフ）
イラスト　　　　後藤 敦
校正　　　　　　東京出版サービスセンター
編集　　　　　　森 摩耶　中野賢也（ワニブックス）

本書の質問は淡路ファームパーク イングランドの
丘の園内の質問箱に寄せられたものを一部編集して
掲載しております。

飼育員さんのすごいこたえ

著者　淡路ファームパーク イングランドの丘

2021年 5 月31日　初版発行
2022年 7 月 1 日　 3 版発行

発行者　　　　横内正昭
編集人　　　　青柳有紀
発行所　　　　株式会社ワニブックス
　　　　　　　〒150-8482
　　　　　　　東京都渋谷区恵比寿4-4-9　えびす大黒ビル
　　　　　　　電話　03-5449-2711（代表）
　　　　　　　　　　03-5449-2716（編集部）
　　　　　　　ワニブックスHP　http://www.wani.co.jp/
　　　　　　　WANI BOOKOUT　http://www.wanibookout.com/

印刷所　　　　凸版印刷株式会社
DTP　　　　　株式会社三協美術
製本所　　　　ナショナル製本